GUIA DE ENFERMERIA EN LAS PATOLOGÍAS MAS COMUNES EN PEDIATRIA

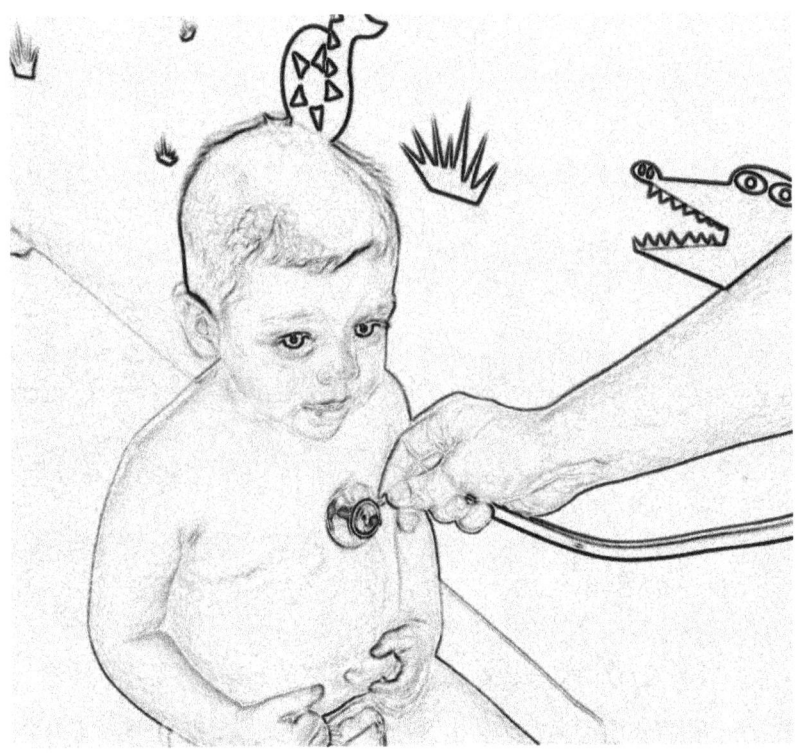

Guía de enfermería en las patologías mas comunes en pediatría.

© José Luis Sánchez Vega, Daniel Rastrollo Collantes, Aída Medina Garrido.

© www.lulu.com

ISBN: 978-1-291-06955-6

Fecha de Publicación: 10 de septiembre de 2012

INDICE

I. Introducción

II. Patologías respiratorias

III. Fiebre

IV. Convulsiones

V. Llanto del lactante

VI. Exantemas

VII Patologías gastro-intestinales

VIII. Patologías urinarias

Bibliografía

I. INTRODUCCION.

Esta guía esta elaborada para que los enfermeros y enfermeras adquieran unas nociones básicas sobre como afrontar al paciente pediátrico en sus patologías mas comunes y que lo diferencian del adulto por sus peculiaridades anatómicas, fisiológicas y psicológicas

La enfermería pediátrica es la rama de la enfermería encargada de los cuidados del niño sano y enfermo desde su nacimiento hasta la pubertad. Cronológicamente podemos clasificar al paciente pediátrico en diferentes periodos:

- Recién nacido (Primeras cuatro semanas de vida)
- Lactante (Del primer mes al año)
- Preescolar (De 1 a 6 años)
- Escolar (De 6 a 12 años)
- Adolescente (De 12 a 18 años, aunque en España la edad pediátrica es hasta los 14)

Peculiaridades anatómicas:

- Vía aérea superior

  - Cara y mandíbula pequeñas
  - Pasajes nasales estrechos
  - Cabeza grande, cuello corto
  - Lengua grande
  - Epiglotis rígida y en forma de U invertida

- Vía aérea inferior

    - Laringe se encuentra mas alta que en el adulto
    - El cartílago cricoideo mas estrecho
    - La traquea estrecha lo que favorece una intubación selectiva bronquial

Peculiaridades fisiológicas:

- La respiración y circulación, dependiendo de la edad tienen diferentes valores, como se describe a continuación.

    - Frecuencia cardiaca. Es el numero de contracciones del corazón en un minuto, latidos por minuto. En pediatría no se usa la medición del pulso periférico sino central con un fonendoscopio directamente en el corazón.

EDAD	FC (Lpm)
Neonato	120-140
1- 12 meses	110-120
1-6 años	90-120
7-12 años	80-110
Mayor de 13 años	70-100

- Frecuencia respiratoria. Es el numero de respiraciones que hace el niño por minuto. Se puede medir con el fonendoscopio realizando una auscultación respiratoria, o bien de manera visual mirando los movimientos respiratorios de abdomen y tórax o incluso al tacto, con la mando encima del abdomen.

EDAD	FR (Rpm)
Neonato	40-60
1-12 meses	30-40
1-6 años	20-30
7-12 años	15-20
Mayor de 13 años	12-16

- Tensión arterial. Medimos la presión que ejerce la sangre sobre las paredes arteriales, con dos valores la sistólica y la diastólica y se mide en milímetros de mercurio. Se una un esfingomanómetro adaptado al tamaño del paciente pediátrico para que no nos de valores erróneos.

EDAD	PAS	PAD
Neonato	75-90	35-55
1-12 meses	80-100	45-65
1-6 años	80-120	45-80
7-12 años	100-130	50-90
Mayor de 13 años	110-140	60-95

- El metabolismo esta incrementado.

Peculiaridades psicológicas:

- Falta de habilidad lingüística.

- Miedo

II. PATOLOGÍAS RESPIRATORIAS.

Las patologías respiratorias mas comunes que se ven en las urgencias de pediatría las podemos clasificar en dos grupos, las infecciones que afectan las vías respiratorias superiores (Boca, faringe y laringe) y las que tienen su afectación en las vías respiratorias inferiores (Traquea, bronquios, bronquíolos y bronquíolos terminales).

- Infecciones respiratorias en vías superiores:

  - **Laringitis aguda o crup.** Tiene una etiología viral que lo causa el virus parainfluenzae, entre las edades de 3 meses y 3 años, y es mas común en niños que en niñas. Es un cuadro benigno en el que se produce una inflamación de la mucosa subglotica.

    La sintomatología que presenta es fiebre, rinorrea inicial, tos característica de irritación traqueal, tos perruna, ronquera y estridor.

    El tratamiento dependiendo del grado de afectación se usara corticoides, budesonida nebulizaba incluso adrenalina nebulizada si lo requiere el caso. Excepcionalmente se usa el O2 y la intubación endotraqueal.

- **Epiglotitis aguda.** El agente etiológico mas común es el haemophilus influenzae b, provoca una inflamación de la epiglotis y de los tejidos blandos que la rodean, puede darse a cualquier edad pero es mas común entre los 2 y los 8 años siendo mas frecuente entre el sexo masculino.

  Los síntomas mas característicos son el babeo, la disfagia, fiebre, ganglios cervicales inflamados.

  Es una emergencia medica con mal pronostico por lo que es necesaria un rápido diagnostico para iniciar un tratamiento eficaz con antibióticos y corticoides y si es necesario O2 e intubación endotraqueal con ventilación mecánica.

- Infecciones respiratorias en vías inferiores:

  - **Bronquiolitis.** Se trata de una obstrucción inflamatoria de los tramos mas finos del árbol bronquial, los bronquíolos, constituyendo la infección respiratoria mas frecuente del lactante. El agente etiológico mas frecuente es el virus respiratorio sincital.

    Se manifiesta como un cuadro catarral leve progresando a un síndrome obstructivo con dificultad respiratoria, sibilancias, tiraje y aleteo nasal.

La fisioterapia respiratoria asociada con, broncodilatadores, O2 e hidratación seria el tratamiento de elección.

- **Bronquitis.** Cuadro habitualmente vírico causado por patógenos habituales de la rinofaringe, que inflaman la mucosa bronquial.

  Se inicia como catarro de vías altas, pudiendo haber o no fiebre, descendiendo posteriormente provocando dolor retroesternal, con runcus y sibilantes.

  El tratamiento, consiste en una buena hidratación, fisioterapia respiratoria y antitérmicos, los antibióticos solo se usan si hay sospecha de sobreinfeccion bacteriana y los broncodilatadores si existe broncoespasmo.

- **Neumonías.** Es una infección de los bronquios terminales y los pulmonares, su etiología varia habitualmente en RN los produce bacilos gram (-) como el H. Influenzae, en lactantes es mas típico el VRS y mas mayores Micoplasmas y H. Influenzae.

Se manifiesta con fiebre elevada, tos, disnea, dolor pleurítico. El tratamiento, antibioterapia, hidratación, oxigenoterapia si es preciso, manejo del dolor.

III. FIEBRE.

La fiebre es el principal motivo de asistencia en las urgencias pediátricas. Se considera fiebre o hipertermia cuando la temperatura corporal esta por encima de los 37,5°C por una causa patológica. Existen hipertermias fisiológicas, por arropamiento excesivo, ejercicio físico, ovulación, entre otras.

A groso modo la fiebre esta causada por una sustancia denominada pirógeno que pueden ser exógenos cuando son agentes infecciosos o toxinas los que lo provocan o endógenos cuando es producto de la reacción antigeno-anticuerpo.

El síndrome febril va acompañado de taquicardia, taquipnea, hiperhidrosis y cefaleas, la fiebre es una medida de defensa del organismo antinfeccioso por lo que debe tratarse mas su focalidad y causalidad, pero si es persistente se usa tratamiento sintomático.

Las causas mas frecuentes en niños son las infecciones virales agudas, otitis, infecciones de vía respiratorias altas, neumonía, enteritis y pielonefritis.

Las medidas antitérmicas mas usadas son la administración de antitérmicos y las medidas físicas:

- Medidas físicas. Persiguen la perdida del calor corporal por evaporación, radiación, convección o conducción, son mecanismos no fisiológicas peor suelen ser eficaces.

- Ingesta de líquidos

- Baños en agua tibia

- Adecuar un ambiente fresco y evitar una cantidad excesiva de ropa

- Fármacos antipiréticos. Son capaces de reducir fisiológicamente la fiebre sin bajar la temperatura corporal normal, los mas usados en pediatría son:

    - Paracetamol. Es el antipirético de elección, con dosis de 10-20 mg/kg cada 4-6 h. Vía oral, rectal y endovenosa.

    - Ibuprofeno. Es un AINE usado como antipirético, en dosis de 10 mg/kg cada 6 h. Exclusivamente por vía oral.

IV. CONVULSIONES

Entendemos por convulsión la contracción brusca e involuntaria de un grupo muscular, grupos musculares o de todo el organismo, que habitualmente traduce en una descarga paroxística neuronal.

Las causas de las convulsiones vienen dadas por causas idiopáticas, secundarias a hipoxia / anoxia, post-traumáticas, febriles, secundarias a intoxicaciones, a trastornos metabólicos.

En la infancia un 5% de los niños tienen algún episodio convulsivo durante sus primeros años de vida, en su mayor parte de etiología febril, que son benignas y no tienen mayores repercusiones para la salud.

- **Convulsión febril.** Suele ser hereditaria, se da con mas frecuencia entre el 6º mes y los 6 años de edad, durante las primeras 24h de la enfermedad y no necesariamente en el pico mas alto de la fiebre.

    La clínica viene dada por convulsiones tónicas, tónicas-clónicas, hipotónicas, el niño puede orinarse, suele durar unos pocos segundos, a veces dejan de respirar y presentan cianosis.

    El tratamiento adecuado a estos episodios seria una correcta apertura de la vía aérea y asegurarla, proteger de los traumatismos, administración de antitérmicos y/o medidas físicas y administración de diazepam vía rectal de 5-10mg.

- **Epilepsia.** Se trata del trastorno neurológico crónico mas común, La epilepsia es un trastorno provocado por el aumento de la actividad eléctrica de las neuronas en alguna zona del cerebro se presentan a cualquier edad.

    Es más probable que una persona tenga convulsiones si sus padres han padecido crisis convulsivas su aparición conlleva un gran impacto en la familia, hay diversos tipos de epilepsia q se controlan fácilmente con tratamiento farmacológico.

    Algunas crisis son breves y aisladas, seguido de una rápida y completa recuperación, mientras que otros serán más largos y / o más frecuentes, a continuación, perturbando los ritmos del niño. Estaría relacionado con la duración de la enfermedad, a más crisis, mayor deterioro cognitivo.

    El tratamiento farmacológico e base mas usado en la pediatría es el ácido valproico, pero ante una crisis comicial el protocolo de actuación seria idéntico a las convulsiones febriles, asegurar apertura de la vía aérea, protección ante posibles traumatismos, y la administración de diazepam y oxigenoterapia si precisara.

V. LLANTO DEL LACTANTE.

El llanto es el único medio de comunicación que el niño tiene en los primeros meses de vida, antes de aprender a usar la mímica y las palabras.

Debemos distinguir siempre ante el lactante que llora si el llanto es fisiológico o es patológico.

- Llanto fisiológico. Es el "lenguaje peticionario" por el cual el niño expresa que necesita algo, esta relacionado con la alimentación, como la sed o el hambre; con el estado de animo, como el deseo de ser tomado en brazos; relacionado con la higiene, pañales mojados; con el entorno, como el frío o calor.

- Llanto patológico. Es el que esta producido por alguna patología en el niño, los cuales pueden ser de origen metabólico, neurológico, cutáneos, oculares, cardiovasculares, genitourinarios, gastrointestinales, osteomusculares, de ORL, o como el que veremos a continuación por causas idiopaticas, en el que destacamos el cólico del lactante.

    - **Cólico del lactante.** Es un cuadro frecuente y de origen desconocido en el que aparece un llanto vigoroso e intenso en lactantes aparentemente sanos durante el primer trimestre de vida, con una frecuencia de al menos 3 horas al día y mas de 3 días a la semana. Aunque no se sabe la causa concreta, se piensa q puede haber varios factores que lo predisponen:

1.- Problemas intrínsecos. Como puede ser la inmadurez gastrointestinal, o una deficitaria motilidad intestinal con problemas para expulsar los gases.

2.- Problemas extrínsecos. Abarca la ansiedad de los padres que no ayuda para nada en la resolución del problema.

3.- Factores alimentarios. Mala técnica de alimentación, intolerancia a la lactosa.

Los cuidados de enfermería van encaminado a mejorar las técnicas alimentarías, como el eructo, el entorno apacible o la rutina alimentaría, además de tranquilizar a los padres aconsejando en la relación padres-niño y en la conducta frente al llanto, es recomendable una respuesta rápida ante el llanto pero serena, mecerlo entre los brazos y acariciarlo en un entorno tranquilo y sin estímulos, puede ayudar un paseo en el coche o un baño de agua tibia.

VI. EXANTEMAS

Los exantemas son erupciones cutáneas de aparición más o menos súbita, de extensión y distribución amplia y variable, habitualmente autolimitada, formados por lesiones de características morfológicas variables.

Podemos hacer una breve clasificación de los exantemas dividiéndolos en maculo-papulosos, vesículo-ampollosos, habonosos, purpuricos-petequiales y nodulares.

Las enfermedades exantémicas mas frecuentes en pediatría son:

- **Sarampión.** Es una enfermedad aguda de origen viral, que al remitir el paciente queda inmunizado, lo causa el virus del sarampión.

    Tras el periodo de incubación aparecen en la fase prodrómica una manchas denominadas de koplick en la mucosa bucal y faríngea, fiebre moderada, conjuntivitis y tos. En la fase final aparece un exantema eritematoso maculopapular que brota desde cuello y cara a cuerpo brazos y piernas, y coincide con nuevo pico febril. Se trasmite por vía aérea o contacto directo.

Los cuidados de enfermería van encaminados a la administración de tratamiento sintomático prescrito y extracción sanguínea para la detección de anticuerpos IgGe IgM.

- **Varicela.** Enfermedad aguda de etiología viral causado por el herpes virus varicela-zoster, tras remitir el virus queda aletargado y al cabo de un determinado periodo de tiempo podría reactivarse y provocar el herpes zoster que es un cuadro totalmente diferente de la varicela.

La fase prodrómica de la varicela se caracteriza por un catarro leve que progresa a la fase exantémica apareciendo por tronco cara y cuero cabelludo, y las lesiones van evolucionando por diferentes estadios de maculo pápulas a vesículas transparentes y finalmente a costras, el prurito es constante y en niños hace que aumenten la posibilidad de sobreinfeccion, que seria una de las complicaciones mas frecuentes, y otras mas graves como la neumonía varicelosa o el síndrome de Reye al tratarlos con salicilatos.

Los cuidados de enfermería en esta ocasión consistiría la administración del tratamiento sintomático prescrito, para el prurito o antibioterapia cuando hay sobreinfeccion bacteriana.

- **Rubéola**. Enfermedad también conocida como sarampión alemán o de los 3 días. La provoca el virus de la rubéola y suele ser un cuadro exantémico con síntomas generales leves.

  La fase prodrómica de pocas horas de evolución con sintomatología catarla muy leve, el signo más característico es la adenopatía cervicales o suboccipitales. En el periodo exantemico comienza en cara extendiéndose rápidamente a otras partes, no suele acompañar la fiebre, eso si la mucosa faringea y la conjuntiva se inflaman, la remisión de la enfermad incluye la inmunización.

  Los cuidados de enfermería irían encaminados a la administración del tratamiento sintomático prescrito previamente por el pediatra, extracción sanguínea para la identificación del IgM e IgG, y la toma de muestras de exudados faringeo e orina para un mejor diagnostico.

- **Exantema súbito.** Enfermedad aguda de origen viral causado por el herpes virus tipo 6, que afecta a lactantes y niños entre el 6°mes y los 3 años de edad.

  La sintomatología viene dada por un periodo de fiebre alta de 3 a 5 días, sin foco aparente, aunque pueden acompañar adenopatías cervicales leves y síntomas respiratorios también leves. Posteriormente hay una caída brusca de la fiebre a la normalidad y comienza la fase exantemica con maculo-papulas rosadas en cuello, tronco y extremidades y con una duración de no mas de 48 horas.

Los cuidados de enfermería se basan en la administración del tratamiento prescrito para paliar los síntomas.

- **Eritema infeccioso.** También conocida como quinta enfermedad, es un proceso causado por el parvovirus B-19.

En la fase prodrómica aparece fiebre, catarro, cefalea, nauseas, diarrea y artralgias de pequeñas articulaciones, y luego se pasa a la fase exantemica en la que aparece un exantema rojo intenso localizado en una o ambas mejillas, dando aspecto de mejillas abofeteadas, apareciendo luego en el tronco un eritema maculopapuloso, desvaneciéndose adquiriendo un aspecto reticulado, que es lo más característico de esta enfermedad.

Los cuidados de enfermería al igual que en las anteriores va encaminada a la extracción sanguínea en busca de anticuerpos IgG e IgM, así como la administración del tratamiento prescrito para aliviar los síntomas.

- **Escarlatina.** Enfermedad producida por el estreptococo pyogenes beta-hemolítico del grupo A, que produce una toxina eritogénica que provoca síntomas como la fiebre, faringoamigdalitis, enantema teniendo la lengua un aspecto aframbuesado y adenopatías, en la fase prodrómica. En la fase ya exantemica aparece exantema maculopapuloso generalizado, signo de Pastia que es un predominio en tronco y pliegues, y el signo de Filatow, que respeta el triangulo nasofacial. Al cabo de una semana se produce descamación.

Los cuidados de enfermería se basan en la identificación del patógeno mediante exudado faringeo, y la administración de antibióticos, el mas correcto, la penicilina.

VII. PATOLOGÍAS GASTRO-INTESTINALES.

Como ya sabemos el tracto gastro-intestinal comienza en la boca y acaba en el ano, y existen muchas patologías que afectan al normal funcionamiento de este, pero en este capitulo veremos las dos mas frecuentes y habituales por la cual los mas pequeños acuden a urgencias y el manejo de enfermería para hacerles frente.

- Gastroenteritis aguda. Es un cuadro que se caracteriza por fiebre, vómitos y diarrea, en un periodo corto de tiempo, no mayor a una semana.

    Es una enfermedad muy frecuente en niños, que al año suelen tener como mínimo un episodio. Hay que manejarlas bien porque pueden dar a lugar fácilmente una deshidratación sobre todo en los mas pequeños.

    Existe un alto porcentaje de aislar el patógeno causante de la GEA, en menores de 2 años y en invierno el mas común es el rotavirus, aunque ha habido un ascenso de GEA de origen bacteriano sobre todo en otoño y verano.

    La sintomatología típica de este cuadro dependerá del agente causal que lo produce, la GEA vírica se manifiesta con fiebre, vómitos y seguida de diarrea abundante que puede llevar a una deshidratación. Los casos que acompañan dolor abdominal, fiebre y heces con moco y sangre, nos hace deducir que esta provocada por una bacteria enteroinvasiva.

Los cuidados de enfermería van encaminado a la instauración del equilibrio hidro-electrolítico, evitando la deshidratación, intentar recuperar lo antes posible el intestino, con una dieta adecuada, y la administración de antimicrobianos si lo precisa.

- Estreñimiento. Consiste en la disminución de la frecuencia en el número de deposiciones, independientemente del volumen. En la mayoría de los casos, la causa es funcional o adquirida. El estreñimiento funcional ocurre frecuentemente con el cambio dietético, como introducción prematura de alimentos sólidos, la ingesta excesiva de leche de vaca o al cambiar la leche materna a la artificial.

Tenemos que tener presente que el estreñimiento es un síntoma y no una enfermedad, y dependiendo de la edad, tendrá un diferente enfoque diagnostico y terapéutico.

- Recién nacido. Cuando la alimentación es leche materna, el estreñimiento es algo orgánico, las causas mas frecuentes son fisura anal, estenosis anal y lactante alimentado con leche artificial.

- Lactante. En esta edad las causas mas frecuentes son la alimentación, la fisura y la estenosis rectal.

- Preescolar, escolar y adolescente. Conlleva una causa idiopatía en su 95%, y entre otras causas, esta la diabetes, la celiaquía, la porfiria o la enfermedad de crohn.

Los cuidados de enfermería se realizaran dependiendo de la causa y la edad:

- Lactante menor de 5 meses, se ofertara agua entre los biberones, ya que tienen mayor capacidad para absorver agua, si no da resultado se puede dar zumos de ciruelas o de naranja, también entre tomas.

- Lactante mayor de 6 meses, se darán alimentos con residuos como verduras, avena o frutas a excepción de manzana y plátano.

- Niños, la alimentación debe de ser variada pero rica en residuos, a la que se puede añadir aceite vegetal o de parafina en cucharadas así como lo zumos antes mencionados para los lactantes.

En la incontinencia de heces, denominada encopresis, es decir ampolla rectal llena y con un estudio de motilidad normal, la indicación terapéutica será la aplicación de un enema de limpieza.

- Estenosis hipertrófica del píloro. Consiste en una hipertrofia de las capas musculares del píloro, dificultando la progresión del alimento hacia el duodeno, afecta en mayor medida a varones primogénitos y aproximadamente en el primer mes de vida.

  Se manifiesta por vómitos en chorro a partir de la tercera semana de vida, no biliosos, intensos, de gran volumen e inmediatamente después de las tomas, tras el vómito el niño se muestra irritable y hambriento de "mal humor", aparece estreñimiento, deshidratación y desnutrición si los vómitos son persistentes, perdida de peso o falta de ganancia, a veces se puede palpar la oliva pilórica, se diagnostica a través de ecografía y su tratamiento es quirúrgico.

  La actuación de enfermería consiste en observar manifestaciones clínicas, controlar diuresis, suprimir alimentación, vigilar signos de deshidratación, colocar sonda nasogastrica, y preparar para cirugía.

- Dolor abdominal. En los niños el dolor abdominal presenta dificultades para precisar su causa así como su localización. El dolor abdominal es un síntoma, y vamos a ver las causas que aunque venga acompañado de mas síntomas, el dolor, sea el principal.

Para valorar un niño que presenta dolor abdominal como signo predominante, hay que tener en cuenta la relación de la causa con la edad. De 0 a 6 meses las causas mas frecuentes son las intolerancias alimentarías y los cólicos de lactante; de 2 a 18 meses las gastroenteritis agudas e invaginación intestinal; de 2 a 4 años oclusiones por adherencia, parásitos y apendicitis; en escolares y adolescente pueden tener presente una causa psicoafectiva; y en niñas se tendrá también la consideración de lesiones ováricas y dismenorreas.

Entre estas causas enumeradas haremos hincapié en los motivos mas frecuentes en las urgencias:

- **Invaginación intestinal.** Posee una mayor incidencia entre los 3 meses y los 3 años de edad.

    Suele aparecer en un lactante bien nutrido y aparentemente sano, que empieza a presentar estados de intenso llanto, y posteriormente aparecer vómitos, sudoración, palidez y diarreas sanguinolentas.

    Si no existen defecación espontánea se practicara un tacto rectal que al comprobar la presencia de moco sanguinolento, nos determinara la derivación urgente al cirujano pediátrico.

- **Apendicitis aguda.** Constituye la indicación de cirugía de urgencia mas frecuente en niños mayores de 2 años, y viene producida en mayor medida por elementos duros deglutidos y pequeños fecalomas que inflaman la pared y obstruyen la luz del apéndice.

  El dolor comienza en la zona periumbilicar y se traslada a la fosa iliaca derecha en torno a las 12-24 horas de evolución, aunque no siempre el dolor es tan típico, aparece anorexia, vómitos, leucocitosis moderada.

VII. PATOLOGIAS URINARIAS.

Veremos dos patologías claras de la infancia que afectan al aparato renal, una será las infecciones del tracto urinario conocidas como ITU, y otra menos común que esta primera pero no menos importante en la pediatría como seria el reflujo vesico-uretral.

- Infecciones del tracto urinario. Actualmente la infección del tracto urinario ITU es una de las enfermedades infeccionas más frecuentes en pediatría.

Se considera infección urinaria, a todo crecimiento de gérmenes que tiene lugar en el tracto urinario, desde la uretra hasta el riñón. Según la localización de la infección podemos distinguir que la infección sea de vías bajas, o vías altas cuando la infección afecta al parénquima renal, el pronostico y tratamiento es diferente para cada unas, y también en la infancia es sinónimo de ITU, la bacteriuria asintomática, que se define como la existencia en la orina de un numero significativo de bacterias, pero sin sintomatología

El agente etiológico mas habitual es la escherichia coli, seguido de la klebsiella. Las vías por las cuales se puede infectar el tracto urinario son dos, la vía ascendente es la mas común, y la vía hematógena, sobre todo en neonatos en la que la septicemia puede preceder a la infección urinaria.

Los síntomas de una ITU varían según la edad del niño y en algunos casos según su localización alta (renal) o baja (vías urinarias).

Podemos diferenciar dos tipos de síntomas, inespecíficos, aplanamiento de la curva ponderal, llanto, irritabilidad, vómitos, diarreas o fiebres inexplicables, y específicos, dolor abdominal y/o lumbar, polaquiuria, disuria, retención urinaria, los primeros se dan más en RN y lactantes y los segundos en edad preescolar y edades más tardías. Un retraso en el diagnóstico en RN y edades inferiores a 5 años, puede conllevar a lesiones renales.

El diagnostico de las infecciones urinarias en la infancia se basan en la demostración de bacterias en la orina, lo que se llama bacteriuria, por cultivo de orina o por examen de sedimentos y anormales. Es labor del enfermero y enfermera junto con la colaboración de la auxiliar de enfermería la obtención de la muestra de orina, con bolsa colectora para aquellos RN y lactantes que y mas mayores no controlan aún esfínteres, la bolsa es de plástico y se adapta a los genitales pegándose a la piel, siempre lavando antes la zona genital con agua y jabón y secándola con una gasa estéril, cambiándose la bolsa si no orina cada 30 minutos para evitar una contaminación y por tanto un falso positivo. En niños mayores se recogerá como los adultos en la mitad de la micción.

Existen otras técnicas mas invasivas como son la recogida de la orina con sonda o la punción suprapúbica.

Aparte de la recogida y examen de la orina existen otros métodos indirectos para un correcto diagnostico de la infección como serian los Rx, la determinación en sangre de la proteína c reactiva PCR.

El tratamiento adecuado a cada caso seria, en infecciones urinarias de vías bajas, la administración de antisépticos urinarios por vía oral, como la furantoina, trimetropin-sulfa y la fosfomicina.

En infecciones de vías altas debido a la posibilidad de sepsis secundarias a la infección urinaria se procederá a la administración de antibióticos durante un periodo de 10 días. Suele usarse aminoglucósidoscomo la tobramicina, o la gentamicina aunque este último en menor medida por su nefrotoxicidad. En RN y lactantes suele asociarse un betalactámico como la ampicilina con un aminoglucósido como la tobramicina p una cefalosporina de 3ª generación como la ceftriaxona.

Los cuidados de enfermería, se basan en los ya

mencionados métodos de diagnósticos, como son la recogida de orina y sangre para su posterior examen, la educación sanitaria sobre los medicamentos descritos, enfermedad de su hijo.

- Reflujo vesicouretral. Consiste en la ascensión de la orina, a través de la unión vesiculouretral, hacia el tracto urinario superior, ya sea de forma pasiva o coincidiendo con el aumento de la presión vesical que se produce con la micción.

  Se trata, por tanto de una incompetencia permanente y temporal de la unión ureterovesical que puede ser de naturaleza congénita o bien agravada o adquirida como consecuencia de una infección urinaria.

  El reflujo vesiculouretral combinado con la infección de orina parece ser el factor mas importante para producir una cicatrización renal segmentaria denominada nefropatía por reflujo.

  El reflujo puede clasificarse en:

  - Reflujo primario. Debido a una inmadurez o a un desarrollo anormal de la unión uretrovesical.

  - Reflujo secundario. Debido a cambios inflamatorios agudos o crónicos.

El diagnostico se realizara gracias a la clínica de la infección que lo acompaña, siendo esta dependiente al tipo de infección, intensidad y edad del paciente y a estudio radiológico cistouretrográfico convencional o isotópico que debe llevarse a cabo a las 4 ó 6 semanas del inicio del tratamiento antimicrobiano para evitar el reflujo transitorio secundario al edema de la unión ureterovesical producido por la propia infección.

El tratamiento tendrá como objetivo prevenir la infección urinaria para evitar la afectación renal y la posible nefropatía por reflujo. El reflujo puede corregirse quirúrgicamente o manteniendo una esterilidad urinaria hasta que desaparezca espontáneamente.

Bibliografía.

- Dr. M. Vázquez Martul. Manual de infecciones urinarias. Grupo Jarpyo editores. 1989 P101 103; 109 114.

- Dr. Santiago Rosales. Atlas practico de urgencias medicas. Cultural S.A.

- Dr. T.C. Kravis, Dra. C.G. Warher. Urgencias medicas. Editora Medica S.A.

-Dr. Jose Maria Corretger Rauet, Dr. Carlos Mainou Cid, Dra. Yolanda Fernández Santervas. Aspectos clinicos y terapéuticos de la fiebre en el niño. Hospital San Juan de Dios. Barcelona.

- Protocolos unidad pediatría hospital Santa Maria del Puerto. 2012.

- Cuidados de enfermería y atención en pediatría. 3ª edición 2010. F.C. Logoss. P130-137

- Dr. Rafael Miranda. Bloque pediatría, experto universitario en urgencias y emergencias. 2009-2010.

- Alteraciones pediátricas e intervenciones enfermeras en el niño sano. 3ª edición 2010. F.C. Logoss. P511-513

- Ana Isabel García Rodríguez, Mª Magdalena Ramírez Arenas. Exantemas en pediatría 2010. Hospital materno-infantil de Badajoz.

www.ingramcontent.com/pod-product-compliance
Lightning Source LLC
Chambersburg PA
CBHW072306170526
45158CB00003BA/1210